BEI GRIN MACHT SICH IHR WISSEN BEZAHLT

- Wir veröffentlichen Ihre Hausarbeit, Bachelor- und Masterarbeit

- Ihr eigenes eBook und Buch - weltweit in allen wichtigen Shops

- Verdienen Sie an jedem Verkauf

Jetzt bei www.GRIN.com hochladen und kostenlos publizieren

Sarah Swienty

Additionstabellen im Unterricht

GRIN Verlag

Bibliografische Information der Deutschen Nationalbibliothek:

Die Deutsche Bibliothek verzeichnet diese Publikation in der Deutschen Nationalbibliografie; detaillierte bibliografische Daten sind im Internet über http://dnb.d-nb.de/ abrufbar.

Dieses Werk sowie alle darin enthaltenen einzelnen Beiträge und Abbildungen sind urheberrechtlich geschützt. Jede Verwertung, die nicht ausdrücklich vom Urheberrechtsschutz zugelassen ist, bedarf der vorherigen Zustimmung des Verlages. Das gilt insbesondere für Vervielfältigungen, Bearbeitungen, Übersetzungen, Mikroverfilmungen, Auswertungen durch Datenbanken und für die Einspeicherung und Verarbeitung in elektronische Systeme. Alle Rechte, auch die des auszugsweisen Nachdrucks, der fotomechanischen Wiedergabe (einschließlich Mikrokopie) sowie der Auswertung durch Datenbanken oder ähnliche Einrichtungen, vorbehalten.

Impressum:

Copyright © 2010 GRIN Verlag GmbH
Druck und Bindung: Books on Demand GmbH, Norderstedt Germany
ISBN: 978-3-656-05019-3

Dieses Buch bei GRIN:

http://www.grin.com/de/e-book/181766/additionstabellen-im-unterricht

GRIN - Your knowledge has value

Der GRIN Verlag publiziert seit 1998 wissenschaftliche Arbeiten von Studenten, Hochschullehrern und anderen Akademikern als eBook und gedrucktes Buch. Die Verlagswebsite www.grin.com ist die ideale Plattform zur Veröffentlichung von Hausarbeiten, Abschlussarbeiten, wissenschaftlichen Aufsätzen, Dissertationen und Fachbüchern.

Besuchen Sie uns im Internet:

http://www.grin.com/

http://www.facebook.com/grincom

http://www.twitter.com/grin_com

UNIVERSITÄT DUISBURG ESSEN

Fachbereich Mathematik
Veranstaltung: „Mathematik lehren und lernen"

Wintersemester 2009/2010

Praktikumsbericht

> *Die Zeit der Praxis ist für mich hier vorbei,*
> *nun geht es weiter mit der Bücherwälzerei.*
> *Das Amt des Magisters, so wurde mir noch einmal klar,*
> *ist heute nicht mehr, was es damals war.*
> *Wenn dem Pennäler der Schuh arg drückt*
> *Und Pythagoras in weite Ferne rückt,*
> *dann seit ihr oft die treibende Kraft*
> *bei dem was Familie nicht mehr schafft.*
> *Über sechs Jahre bringt ihr dem Schüler das Laufen bei,*
> *in der Hoffnung, dass Stolpersteine werden einerlei.*
> *Vor dieser Arbeit zolle ich euch großen Respekt*
> *Und nehme einen Teil davon mit in mein Gepäck.*
> *Auf diesem Wege sage ich euch „Adieu, habt vielen Dank!*
> *Es war mir eine Ehre zu sitzen in eurer Schulbank!"*

Eigene Anfertigung. Abschiedstext an das Lehrerkollegium der Hauptschule Essen Karnap. Juni 2010.

Inhaltsverzeichnis

1. Einleitung 1
   1.1. Ziel und Zweck des Praktikums 1
   1.2. Schulportrait 2
2. Hauptteil 2
   2.1. Reflexions- und Analyseaspekt 2
   2.2. Planung und Durchführung einer kleinen Unterrichtseinheit 6
      2.2.2. Sachanalyse 8
      2.2.4. Theoretische Betrachtung konkreter Unterrichtssequenzen 16
3. Schlussbemerkung 17

Anhang

4. Literaturverzeichnis 19
5. Tabellarischer Unterrichtsentwurf 20
6. Additionstabelle 1 23
7. Additionstabelle 2 24
8. Multiplikationstabelle 25
9. Bingokärtchen 26
10. Arbeitsblatt 27
11. Bingo Kärtchen 30

1. Einleitung

Im Rahmen der mathematikdidaktischen Hauptstudiumsveranstaltung für das Lehramt „Mathematik Lehren und Lernen" besuchte ich im Wintersemester 2009/10 die zugehörige Vorlesung und Übung an der Universität Duisburg- Essen auf dem Campus Essen. Während dieser Veranstaltung habe ich in einer Gruppe am 2. Dezember 2009 an der städtischen katholischen Grundschule in Walbeck des Kreises Geldern ein Unterrichtsexperiment zum Thema „Additionstabellen" in einer dritten Klasse durchgeführt. Anschließend haben wir eine didaktische Analyse des Unterrichtsexperiments mit dessen Unterrichtsversuch, Gruppengesprächen und dem klinischen Interview vorgetragen und vorgelegt. Von Februar bis Juni dieses Jahres habe ich meine fachdidaktischen Studien an der Hauptschule Essen Karnap abgelegt. Alle zu erbringenden Leistungen der oben genannten Veranstaltung unterliegen der Lehramtsprüfungsordnung LPO 2003.

1.1. Ziel und Zweck des Praktikums

Zu Beginn des Berichts möchte ich eingangs auf den Zweck und meine persönlichen Ziele der schulpraktischen Studien eingehen. Ich betrachte mein letztes Praktikum nicht nur als Chance den Positionswechsel vom Schüler zum Lehrer zu beenden, sondern auch als Möglichkeit einen Einblick in die methodischen Handlungsweisen der Lehrer zu bekommen und ein temporäres Mitglied der Schulgemeinschaft zu werden.

Die Planung, Durchführung und Analyse der Unterrichtsexperimente hat meinen Blickwinkel auf die Kommunikation zwischen Schülern und Lehrern verändert. Als Träger des verbalen und nonverbalen Austausches ist sie es, die den Erwerb mathematischen Wissens des Lernenden vorantreibt, begünstigt oder aber erschwert. Daher ist es das Ziel meines Praktikums methodische und didaktische Anregungen in Erfahrung zu bringen, die mich in meiner späteren Tätigkeit als Mathematiklehrerin unterstützen sollen den Schülern einen qualifizierten und reflektierten Unterricht zu bieten. Außerdem möchte ich mein theoretisches Wissen vom entdeckenden und operativen Lernen, über die Gestaltung von Arbeitsmaterialien bis hin zum Umgang mit Schülerbeiträgen mit der praktischen Umsetzung in der Schule abgleichen.

Es wäre in meinem Sinne, wenn meine aktiven Anteile über die zwei Stunden des geforderten Unterrichts hinausgingen, denn theoretisches Handwerkszeug bleibt wenig sinnvoll ohne einen praktischen Kontext.

1.2. Schulportrait

Die Hautschule Essen Karnap befindet sich im nördlichen Teil Essens. Als Volksschule gegründet, wurde sie 1968 im Rahmen der Bildungsreform zur Hauptschule. Infolge dieser wurden die Hauptschulen zu „Restschulen" umdeklariert, die Anmeldezahlen sanken und das Aussterben begann. Neben einigen anderen Hauptschulen in Essen, wird auch die Hauptschule Karnap zum Schuljahresende am 31.07.2010 schließen. Die Schule ist in der Trägerschaft des Bistums Essen und ihr Einzugbereich ist neben Karnap auch Altenessen und der gelsenkirchener Stadtteil Horst.

Derzeit besuchen noch 156 Schüler (70 Jungen, 86 Mädchen) die Schule, wobei bereits keine fünften Klassen mehr vorhanden sind. Es unterrichten 19 Lehrkräfte, wobei alleine drei der „Statt-Schule" zuzuordnen sind. Dieses Programm bietet Schulverweigerern die Chance parallel zu einem Betriebspraktikum ihren Hauptschulabschluss nachzuholen. Eine Klasse besteht maximal aus 20 durchschnittlich 14-jährigen Schülern und wird immer von zwei Lehrern gleichzeitig unterrichtet.

Diese Hauptschule spiegelt den anhaltenden Trend der „Bildungsbechnachteiligten" wieder. War in den 60er Jahren noch das „Katholische Arbeitermädchen vom Lande" die Symbolfigur für bildungspolitische Ungleichheiten, so sind es heute die Migrantenkinder. Deren Anteil ist an der Hauptschule Essen Karnap mit 60% sehr groß und rührt vor allem aus dem regionalen Umfeld der Schule. Die nördlichen Stadtteile Essen und somit auch Karnap sind geprägt durch eine oftmals schlechter gesellte Gesellschaft und einen hohen Ausländeranteil in der Bevölkerung. Ein derartiges Schulprofil fordert alternative Unterrichts- und Umgangsformen, deren Eindrücke ich mitunter bereits in meinen Lerntagebüchern festgehalten habe.

2. Hauptteil
2.1. Reflexions- und Analyseaspekt

In meinen Tagebucheinträgen beschäftigte ich mich mit verschiedenen mathematikdidaktischen Aspekten, wie beispielsweise dem Unterrichtsstil, den Unterrichtsmethoden und Differenzierungsformen im Mathematikunterricht. Jedoch bereits zu Beginn meines Praktikums gerieten der Einsatz und die Gestaltung von Arbeitsmaterialien, vor allem der Arbeitsblätter in den Fokus meiner Betrachtungen. Aus diesem Grund wird sich meine mathematikdidaktische Fragestellung mit Materialien und Arbeitsmitteln im Mathematikunterricht beschäftigen.

Durch eine veränderte Perspektive auf Lernprozesse und ein neues Verständnis der Schulmathematik innerhalb der letzten 20 Jahre, begann die Loslösung von allzu traditionsverhafteten Vorstellungen des Mathematiklehrens. Dieser „Rechenunterricht" zielte allein auf die Aneignung statischer und schematischer Rechenfertigkeiten ab. Der neue Mathematikunterricht beschrieb jedoch unter dem Stichwort „Schülerzentriertheit" eine gegenläufige Tendenz. Der Lernende wurde zum aktiv gestaltenden Mitglied des Unterrichts und ihm wurden mit dem Entdecken, Beschreiben und Begründen völlig neue Aufgaben zu teil[1], die auch die neuen Lehr-, Bildungs-, Rahmenpläne und Standards benennen:

- *„Probleme lösen, ‚den Prozess der Lösung mathematischer Probleme sprachlich und mit anderen Mitteln darstellen, reflektieren und kontrollieren',*
- *kommunizieren, ‚Vorgehensweisen von Mitschülern (...)nachvollziehen und einschätzen, (...) Vor- und Nachteile verschiedener Vorgehensweisen einschätzen', und*
- *argumentieren, ‚mathematische Aussagen (...) kritisch hinterfragen, (...) Zusammenhänge beschreiben'."*[2]

Dieses veränderte Vorbild der Mathematikdidaktik lässt natürlich auch die Rolle, Nutzung und Funktion von Materialien und Anschauungsmittel nicht unberührt.[3] *„Ihr Status hat sich gewandelt von Werkzeugen des Lehrens zu Werkzeugen des Lernens".*[4]

Ein dem überholten Vorbild folgender Unterricht, geht davon aus, dass *„[...]der tätige Umgang mit entsprechenden Materialien in einer weitgehend einfachen und direkten Weise das mathematisch relevante Wissen an das Kind weitergeben kann."*[5] Veranschaulichungsmittel werden hier also als Werkzeug der Lehrkraft betrachtet, die als Konglomerat zusammengestellter und vorgefertigter Regeln, Verfahren und Sätze dem Kind sukzessiv das mathematische Wissen übermitteln sollen.

Im Folgenden wird also in Anlehnung an KRAUTHAUSEN und SCHERER eine Unterscheidung zwischen Anschauungsmitteln, Veranschaulichungsmitteln und Arbeitsmitteln als Zusammenschluss beider Begriffe getroffen.

Heute wird Mathematik zunehmend als eine Wissenschaft der Beziehungen, Strukturen und Muster gesehen.[6] Da Lernprozesse stets individuell und aktiv[7] sind und mathematische Inhalte

---

[1] Vgl. Söbbeke, Elke: „Sehen und Verstehen im Mathematikunterricht" – Zur besonderen Funktion von Anschauungsmitteln für das Mathematiklernen. In: Vásárhelyi, É.: Beiträge zum Mathematikunterricht 2008. Martin Stein Verlag, Münster, 2008, S.39.
[2] Lorenz, Jens Holger: Anschauungsmittel als Kommunikationsmittel. In: Die Grundschulzeitung. H.201/2007, S.14.
[3] Vgl. Söbbeke, Elke: „Sehen und Verstehen im Mathematikunterricht". 2008, S.39.
[4] Ebd., S.39.
[5] Ebd., S.39.
[6] Vgl. Wittmann, E. Ch.: Was ist Mathematik und welche pädagogische Bedeutung hat das wohlverstandene Fach auch für den Mathematikunterricht in der Grundschule. In: Baum, M./ Wielpütz, H.(Hrsg.): Mathematik in der Grundschule – Ein Arbeitsbuch. Kallmeyer, Seelze, S.18-46.
[7] Vgl. Lorenz, Jens Holger: Anschauungsmittel als Kommunikationsmittel. 2007, S.14.

als abstrakt gelten, erfordern diese ein „vermittelndes Medium", das es erst möglich macht über diese nachzudenken, sich austauschen und Beziehung erkennen zu können.[8]
Mathematiklernen wird verstanden als ein Prozess der zunehmend differenzierter werdenden Verstehens- und Deutungsweise der Kinder.

Die Grenzen der Sprache Gedankengänge wiederzugeben sind schnell erreicht, vor allem wenn diese nicht sprachlich ablaufen und allzu komplex sind. Rechenstrategien und die Entscheidung hierüber sind eben nicht-sprachlicher Art, sondern sie bewegen sich auf einer bildhaften Ebene.[9]

Arbeitsmittel als ein vermittelndes Medium ergänzen ihre traditionelle Aufgabe als Hilfsmittel zum Rechnen zu dienen. Auf diese Weise wird ihr didaktischer und methodischer Status durch einen epistemologischen erweitert.[10]

Arbeitsmittel erfüllen auf diesem Wege dreierlei Funktionen:

1. Mittel zur Zahldarstellung

Zahlenverständnis und Zahlendarstellungen sollen an konkreten empirischen Objekten anknüpfen. Hier sind auch Übungen wichtig, welche die unterschiedlichen Darstellungen einer Zahl zeigen. Diese Koordinierungs- und Verzahnungsübungen sind besonders für lernschwache Kinder von Bedeutung, da sie häufig Transferschwierigkeiten haben.

2. Mittel zum Rechnen

Es können Rechenoperationen veranschaulicht werden. Dabei sollten die Arbeitsmittel und Veranschaulichungen so gewählt werden, dass sie unterschiedliche Lösungswege offen lassen und ermöglichen.

3. Argumentations- und Beweismittel:

Diese Funktion ist deutlich unterrepräsentiert. Sie zeigt jedoch, dass Arbeitsmittel nicht nur eine Stützfunktion, sondern auch eine eigenständige Bedeutung haben.[11]

Durch das Erkunden und Deuten von Beziehung und Strukturen anhand von Anschauungsmitteln ist es erst möglich Rechenstrategien zu entwickeln, die geprägt sind von klaren tragfähigen Vorstellungsbildern. Somit haben sie eine fundamentale Bedeutung für spätere Lernprozesse. Voraussetzung dafür ist, dass der Lernende auf der Grundlage bereits

---

[8] Vgl. Söbbeke, Elke: „Sehen und Verstehen im Mathematikunterricht. 2008, S.40.
[9] Vgl. Lorenz, Jens Holger: Anschauungsmittel als Kommunikationsmittel. 2007, S.15-16.
[10] Vgl. Söbbeke, Elke: „Sehen und Verstehen im Mathematikunterricht. 2008, S.40.
[11] Krauthausen, G./Scherer,P.: Einführung in die Mathematikdidaktik. Spektrum, Heidelberg u. Berlin, 2001, S.228.

erworbenen Wissens die repräsentierte mathematische Struktur aktiv in das Anschauungsmittel hineindeutet, sie kann nicht einfach und direkt abgelesen werden.[12]

KRAUTHAUSEN und SCHERER formulieren einige Gütekriterien, denen Arbeitsmittel genügen sollten. Einige wesentliche sollen im Folgenden näher betrachtet werden:

- werden mathematische Grundideen angemessen verkörpert?
- Lässt sich eine Erweiterung für größere Zahlenräume durchführen?
- Ist eine Übersetzung in graphische Bilder möglich?
- Ist ein kommunikativer und argumentativer Austausch möglich?[13]

Anschauungsmittel, die die mathematischen Strukturen möglichst klar widerspiegeln und eine Einsicht in diese ermöglichen unterstützen das Auseinandersetzen mit Veranschaulichungsmitteln und verringern ein Fehlerraten.[14]
Die Auswahl der Anschauungsmittel sei aus mehreren Gründen wohl überlegt. Zum einen lassen sich gezielt ausgewählte Anschauungsmittel im Verlauf der Schuljahre weiterentwickeln bzw. modifizieren, sodass es keiner neuen Einführung bedarf. Zum anderen bedeutet jede Verwendung von Anschauungsmitteln einen zusätzlichen Lernstoff für die Schüler. Es ist stets das Ziel zu verfolgen effiziente Rechenstrategien anzustreben. Ein Anschauungsmittel, welches das zählende Rechnen unterstützt sollte also vermieden werden, da sonst bei fortgeschrittenen Lerninhalten Probleme entstehen könnten.[15]
Des Weiteren sollten verwendete Arbeitsmittel das Bearbeiten von Aufgaben durch verschiedene Lösungsstrategien ermöglichen und nahe legen. Die Auswahl der Anaschauungsmittel sollte also von der Intention geleitet sein, dass

> „(...) eine Auseinandersetzung mit Anschauungsmitteln umso intensiver und umfassender möglich ist, je reichhaltigere Möglichkeiten dieses Mittel für die strukturierten Aktivitäten der Lernenden bietet".[16]

Um den Leistungsstand der Kinder ermitteln und Veränderungen des Gebrauchs von Anschauungsmitteln offen legen zu können, sollten Schüler bei schriftlichen Rechnungen

---

[12] Vgl. Söbbeke, Elke: „Sehen und Verstehen im Mathematikunterricht. 2008, S.41.
[13] Krauthausen, G./Scherer,P.: Einführung in die Mathematikdidaktik. 2001, S.232.
[14] Vgl. Scherer, Petra: Produktives Lernen für Kinder mit Lernschwächen: Fördern durch Fordern. Band 1. Zwanzigerraum. Horneburg, 2009⁵, S.15.
[15] Vgl. Ebd., S.16.
[16] Ebd., S.16.

stets festhalten wie sie die Aufgabe rechnen und verwendete Veranschaulichungen skizzieren.[17]

2.2. Planung und Durchführung einer kleinen Unterrichtseinheit

Während meines Praktikums bekam ich die Möglichkeit eine kleine Unterrichtseinheit durchzuführen. Diese gliedert sich in zwei Unterrichtsstunden, die sich beide mit der einer erweiterten Wiederholung der Grundrechenarten beschäftigten.

Thema der ersten Unterrichtsstunde: Übung und Festigung der Addition und Multiplikation anhand von Additions- und Multiplikationstabellen.

Thema der zweiten Unterrichtsstunde: Übung und Festigung der schriftlichen Division.

Begründung des Themas:
In der Grundschule nimmt die Arithmetik den größten Teil des Matheunterrichts ein und legt das Fundament für das „[...]Verständnis, [die] Sicherheit und Flexibilität im Umgang mit Zahlen"[18]. Dies hält auch der Lehrplan Mathematik Nordrhein-Westfalen in seinen Zielsetzungen fest.
Somit stehen auch die Rechenverfahren der Grundrechenarten nicht isoliert in den Rahmenrichtlinien, sondern in einer strukturierten Hierarchie des Arithmetiklehrgangs.
Die Themen meiner beiden Unterrichtsstunden „Übung und Festigung der Addition und Multiplikation anhand von Additions- und Multiplikationstabellen" sowie „Wiederholung der schriftlichen Division" sind in den Rahmenrichtlinien für die Hauptschule Klasse 6 unter dem Inhaltsbereich der „Arithmetik/Algebra" festgehalten, wobei es um den Erwerb operativer Kompetenzen geht. So sollen Schülerinnen und Schüler mitunter die Grundrechenarten mit natürlichen Zahlen (Division nur durch zehnernahe zweistellige Divisoren) über das Kopfrechnen und über schriftliche Rechenverfahren ausführen können.[19]
Dieser Kompetenzbereich ist nach der Aussage der unterrichtenden Mathematiklehrerin bei den Schülern noch nicht ausgereift und bedarf deswegen einer wiederholenden Unterrichtseinheit.

---

[17] Vgl. Scherer, Petra: Produktives Lernen für Kinder mit Lernschwächen. 2009⁵, S.19.
[18] Padberg, F.: Didaktik der Arithmetik. Für Lehrerausbildung und Lehrerfortbildung. Spektrum, Heidelberg, 2005³, S.2.
[19] Ministerium für Schule, Jugend und Kinder des Landes Nordrhein-Westfalen (Hrsg.): Sekundarstufe I. Hauptschule. Mathematik. Kernlehrplan. Schule NRW Nr.3203. Ritterbachverlag, Frechen, 2004, S.20.

2.2.1. Bedingungsanalyse

Der Matheunterricht in dieser Klasse des sechsten Jahrgangs findet dreistündig pro Woche statt (mittwochs und donnerstags in der ersten Stunde und montags in der vierten Stunde). Die Klasse besteht aus 18 Schülerinnen (11) und Schülern (7). Die geringe Klassenstärke lässt sich durch die baldige Schließung und die sinkenden Anmeldezahlen begründen. Eine solch dezimierte Anzahl an Schülern ermöglicht ein breiteres Spektrum an methodischen und didaktischen Vorgehensweisen.

Die praktizierte Sitzordnung im Klassenraum kommt jedoch eher einer veralteten didaktischen Auffassung nach. Die weibliche Lehrkraft beruft sich auf einen frontalen und autoritären Unterrichtsstil, der durch die parallele Anordnung dreier Sitzreihen unterstützt wird. Damit gilt ihr zumeist die ungeteilte Aufmerksamkeit und sie hat einen besseren Überblick und Zugang zu allen Schüler, jedoch ist die Kommunikationsfähigkeit damit stark eingeschränkt und kooperative Lernformen können im besten Fall mit dem Sitznachbarn durchgeführt werden. Durch die bis in den hinteren Teil der Klasse verlagerten Sitzreihen ist zu beobachten, dass die dort sitzenden Schüler oft abschalten und dem Unterricht nur passiv folgen. Eine derartige Sitzordnung ist also als eingeschränkt optimal zu betrachten.

Die Einschätzung der fachspezifischen Lernvoraussetzungen der Schüler beruht allein auf den Hospitationen in dieser Klasse und wenigen Aussagen der Lehrerin und soll deswegen nicht als vollkommen gültige Begutachtung gewertet werden.

Im mathematischen Bereich ist die Klasse eher im unteren Niveau anzusiedeln. Es sind nur ein Schüler und eine Schülerin mit herausragenden mathematischen Kenntnissen zu benennen. Es wurde deutlich, dass die fehlenden mathematischen Kompetenzen manchmal Unmut aufkommen lassen und viele Schüler ihre Unterrichtsbeteiligung verringern. Weiterhin lässt sich feststellen, dass sich vor allem bei Eigenaktivitäten der Schüler und neuen Situationen die Leistungsbereitschaft erhöht. Die in diesem Kontext entstehenden zahlreichen Unterrichtsbeiträge führen dann zu dem Ziel, dass die Klasse sich gemeinsam auf einen Lösungsweg begibt und Aufgaben bewältigt.

Ich versuche deshalb die Eigenaktivität während meiner Unterrichtsstunden möglichst hoch zu halten und motivierende Situationen zu schaffen, damit ich allen Schülern die Chance auf Erfolgserlebnisse gebe. Außerdem soll der Unterricht geprägt sein durch Methodenvielfalt und verschiedene Anschauungsmaterialien, damit die Aufmerksamkeit und Lernbereitschaft gewährleistet sind.

2.2.2. Sachanalyse

Die Arithmetik beschäftigt sich mit den vier Grundrechenarten, Addition, Multiplikation, Subtraktion und Division, sowie den zugehörigen Rechengesetzen:

- Assoziativgesetz der Addition und Multiplikation: a°(b°c) = (a°b)°c
- Kommutativgesetz der Addition und Multilikation: a°b = b°a
- Distributivgesetz der Addition und Subtraktion: a*(b°c) = (a*b)°(a*c)

Viele Situationen des alltäglichen Lebens fordern die Fähigkeiten eines kompetenten Rechners, z.B. Überschlagen der Einkäufe, Führen eines Haushaltsbuchs und die Kontrolle der Jahresabrechnung. Hier lässt sich unterscheiden zwischen dem Kopfrechen und dem schriftlichen Rechen.

Erste Unterrichtsstunde

Das Kopfrechnen basiert auf **heuristischen Strategien**, die bereits im Anfangsunterricht an strukturierten Arbeitsmitteln entdeckt werden und auch im Hundeterraum eine unverändert große Rolle spielen. Das Kopfrechnen ist die fundamentale Grundlage des schriftlichen Rechnens. Es lassen sich verschiede heuristische Strategien der Addition nennen, deren Wahl abhängig ist von der zu lösenden Aufgabe und der Affinität des Kindes:

- *Schrittweises Rechnen:*

Die Zahlen werden zerlegt und die Rechnung wird schrittweise durchgeführt. Grundlage für dieses Verfahren ist im Wesentlichen das Assoziativgesetz. Bsp.: 37 + 28 = 37 + 20 + 8

- *Gegensinniges Verändern beider Summanden:*

Wird der eine Summand um einen bestimmten Betrag verringert (bzw. erhöht), so wird der andere um diesen erhöht (bzw. verringert). Bsp.: 62 + 58 = 60 + 60

- *Analogie Aufgaben:*

Lösungen von bereits bekannten Aufgaben werden auf neue übertragen. Bsp.: 2 + 5 = 7 → 20 + 50 = 70[20]

Auch das multiplikative Kopfrechnen wird durch heuristische Strategien vereinfacht. Im Folgenden werden die wichtigsten Strategien kurz erläutert:

---

[20] Vgl. Padberg, F.: Didaktik der Arithmetik. Für Lehrerausbildung und Lehrerfortbildung. Spektrum, Heidelberg, 2005³, S.97-98.

- *Nachbaraufgaben:*
Ist die Lösung einer Aufgabe bekannt (Bsp.: 7 * 7 = 49), so kann die Multiplikation eines höheren Faktors leicht ermittelt werden. (Bsp.: 8 * 7 = 56; Schülerbegründung: „Weil das sieben mehr sein müssen.").
- *Tauschaufgaben:*
Bsp.: 3*4 = 4*3. Hier wird das Kommutativgesetz angewandt.
- *Verdopplung/Halbierung eines Faktors*
Bei dieser Strategie macht sich der Rechner die Zusammenhänge zwischen den verschiedenen Reihen zu nutze. So stehen die Zweier-, Vierer- und Achterreihe, sowie die Zehner- und Fünferreihe in einem engen Zusammenhang. Bsp.: 2*3 = 6 → 4*3 = 12[21]

Additions- bzw. Multiplikationstabellen sind Anschauungsmittel, die es ermöglichen Kinder in einen aktiv entdeckenden Prozess zu bringen. Erst durch diesen Vorgang haben sie die Möglichkeit ein wirkliches Verständnis von Zahlen und Rechenoperationen zu erlangen. An den beiden Tabellentypen lässt sich eine Vielzahl von Entdeckungen machen:

Additionstabellen:

Tabelle 1: Additionstabelle

+	1	2	3	
1	1+1	1+2	1+3	9
2	2+1	2+2	2+3	12
3	3+1	3+2	3+3	15
	9	12	15	

1) Die Summe der Zahlen der Diagonalen ist gleich der Summe der Randzahlen. Die Begründung für diese Gesetzmäßigkeit wird ersichtlich bei der gesplitteten Schreibweise als Addition (siehe Tabelle 1). Jede Randzahl taucht in ihrer Zeile bzw. Spalte in der Diagonalen wieder auf.

Tabelle 2: algebraische Additionstabelle

+	a	B	C
d	d+a	d+b	d+c
e	e+a	e+b	e+c
f	f+a	f+b	f+c

---

[21] Vgl. ebd. S.130-131.

2) Die Summe der Randzahlen bzw. der Diagonalen in der Additionstabelle multipliziert mit der Anzahl der Zeilen bzw. Spalten ergeben die Zielzahl. Betrachtet man die Summanden innerhalb des Zahlenfeldes in Tabelle 1, so wird ersichtlich, dass jede Randzahl entsprechend der Anzahl der x Zeilen bzw. x Spalten x-mal vorkommen. (siehe Beispiel Tabelle 2: 3a+3b+3c+3d+3e+3f = **3* (a+b+c+d+e+f)**) So lässt sich ohne große Berechnungen, allein durch die Addition der Randzahlen und die Anzahl der Zeilen bzw. Spalten die Zielzahl bestimmen. Durch diese Beziehung lassen sich auch Aussagen darüber treffen, welche Zielzahlen in einer Additionstabelle überhaupt möglich sind. Da die Summe der Randzahlen immer Teiler der Zielzahl sein muss, ist die triviale Aussage zu treffen, das Primzahlen niemals Zielzahlen sein können.

3) Die Erhöhung der Randzahlen der Spalte um den Wert 1 bedingt, dass sich auch alle Werte des Zahlenfeldes um den Wert 1 erhöhen. Dies ist auf die einzelnen Additionen zurückzuführen. Außerdem erhöhen sich die Summen der Spalten und Zeilen um den Wert drei. Da auf jede Randzahl in drei Additionen zurückgegriffen wird muss sich auch die Summe der Zeilen/Spalten um den Wert drei erhöhen. Auch der Wert der Zielzahl ändert sich nach dem gleichen Muster. Wird eine oder mehrere Randzahlen um einen bestimmten Wert erhöht/vermindert, so wird die Zielzahl um die Anzahl der Zeilen bzw. Spalten multipliziert mit dieser Erhöhung erhöht/vermindert. Eine Randzahl kommt im Verborgenen in gleicher Anzahl vor, wie es Zeilen bzw. Spalten gibt. Somit muss sich auch die Zielzahl um den gleichen Betrag ändern.[22]

Multiplikationstabellen:

Tabelle 3: algebraische Multiplikationstabelle

*	a	b	c
d	a*d	b*d	c*d
e	a*e	b*e	c*e
f	a*f	b*f	c*f

---

[22] Lopez-Real, Lenkeit, et. alter.: Didaktische und theoretisch-didaktische Betrachtung der Additionstabelle. 2010, S.1ff.

1) Die Summe der Randzahlen der Zeile multipliziert mit der Summe der Randzahlen der Spalte ergeben die Zielzahl. Betrachtet man die Produkte innerhalb des Zahlenfeldes in Tabelle 3, so wird ersichtlich, dass jede Randzahl der Spalte jeweils mit jeder Randzahl der Zeile malgenommen wird.

→ Siehe Tabelle 3: a*d + a*e + a*f + b*d + b*e + b*f + c*d + c*e + c*f = a* (d+e+f) + b* (d+e+f) + c* (d+e+f) = (a+b+c) * (d+e+f)

Zweite Unterrichtsstunde

Im Gegensatz zum Kopfrechen folgen die schriftlichen Rechenverfahren Algorithmen, mit denen durch systematische Wiederholung von einfachen Rechenvorschriften rechnerische Probleme gelöst werden können. Ein weiterer Unterschied zwischen den beiden Rechenmethoden ist, dass das schriftliche Rechnen mit Stellenwerten operiert, wogegen das Kopfrechnen, oder mündliche Rechnen mit den Zahlen selbst rechnet.

Beim schriftlichen Dividieren wird der Dividend systematisch in Tausender, Hunderter, Zehner und Einer zerlegt. Jeder Stellenwert wird einzeln durch den Divisor geteilt. Dabei ergeben sich ggf. Reste, die zum nächsten Stellenwert addiert werden. Nun wird wieder durch den Divisor geteilt. Dieser Algorithmus wird so oft durchgeführt, bis kein Rest übrig bleibt oder ein Rest, der nicht mehr durch den Divisor geteilt werden kann.

Division ohne Rest	Division mit Rest
3453:3=1131	345678:5=69135 Rest 5
<u>3</u>	<u>30</u>
04	45
<u> 3</u>	<u>45</u>
15	06
<u>15</u>	<u> 5</u>
03	17
<u> 3</u>	<u>15</u>
0	28
	<u>25</u>
	3

Um diesen Algorithmus durchführen zu können, sind bestimmte Vorkenntnisse nötig:
- Kenntnis der vier Grundrechenarten
- Mechanische Beherrschung der Aufgaben des Einsundeins, des Ergänzens und des Einmaleins

- Kompetentes Kopfrechnen, also die Fähigkeit die heuristischen Strategien der Grundrechenarten anzuwenden

Die schriftliche Division ist die komplexeste und schwierigste aller schriftlichen Rechenverfahren, da sie sowohl die Subtraktion als auch die Multiplikation voraussetzt. Der Algorithmus birgt eine große Zahl von Schwierigkeiten, wie zum Beispiel bei der Abschätzung des ersten Teilquotienten bei einem mehrstelligen Divisor. Hauptfehler bei der schriftlichen Division sind vor allem Fehler bei der Berechnung eines Teilproduktes, beim Herunterholen der Ziffern, Verfahrensfehler sowie Fehler beim Bestimmen des Quotienten.

2.2.3. Didaktische Analyse

Der Schwerpunkt meiner beiden Unterrichtsstunden liegt in der Wiederholung der Grundrechenarten.

Erste Unterrichtsstunde

Die Arbeit mit Additions- und Multiplikationstabellen und die Entdeckungen dieser impliziert gleichermaßen die Anwendung der heuristischen Strategien bezüglich der Addition und Multiplikation. Da diese Tabellen die Möglichkeit des Entdeckenden Lernens implizieren, werden die Rechenverfahren nicht nur automatisierend sondern auch in operativen Zusammenhängen eingeübt.

Um die kognitiven Strukturen dahingehend zu lenken, dass die Kinder sich wieder in den Umgang mit den Grundrechenarten gewöhnen, ist Automatisierung des Kopfrechnens Grundvoraussetzung für die in der nächsten Stunde folgende schriftliche Division.

Den Hauptteil der Unterrichtsstunde soll die Arbeit mit den Rechentabellen ausmachen. Die Schüler sollten diese Arbeitsmittel bereits aus der Grundschule kennen, trotzdem sollen, um die Motivation zu gewährleisten, bestehende Kenntnisse über derartige Tabellen und deren Berechnung in einem Großgruppengespräch eingeholt werden. Dazu wird eine bereits berechnete Additionstabelle an der Tafel präsentiert (siehe Anhang: Additionstabelle 1).

Fragenimpulse:
- o Wie nennt man das was an der Tafel hängt?
- o Welche Zahlen lassen sich von den Orten an denen sie stehen unterscheiden?
- o Welche Namen könnten diese Zahlen haben?
- o Könnt ihr euch noch erinnern, wie man mit der Additionstabelle rechnen kann?

Dabei werden alle Teilelemente mit Begriffen (Randzahlen, Summenzahlen der Zeile bzw. Spalte, Zahlen des Rechenfeldes und Zielzahl) benannt, um eine gemeinsame Kommunikationsebene zu schaffen. Die Begriffe werden genannt, erläutert und anhand einer bereits berechneten Additionstabelle gezeigt.

Ein Schüler soll anhand der an der Tafel hängenden Additionstabelle (siehe Anhang: Additionstabelle 1) exemplarisch deren Berechnung durchführen. Die Randzahlen dieser Tabelle sind mit Absicht sehr leicht gewählt, darum sollten keine Fragen bezüglich der Berechnung aufkommen. Jedoch ist es möglich, dass vor allem aufgrund der gewählten Zahlenkonstellation (1,2,3 – 1,2,3) erste Erkenntnisse von den Schülern genannt werden:

- In jeder Zeile und Spalte erhöht sich von Feld zu Feld die Zahl jeweils um den Betrag 1
- Die Summenzahlen der Zeilen und Spalten sind gleich
- Die Summenzahlen der Zeilen bzw. Spalten steigen jeweils um den Wert 3

Hier werde ich dann ggf. ansetzen und nach den Gründen für diese Schülererkenntnisse fragen.

Die Berechnung in dieser Additionstabelle ist noch sehr trivial und zügig durchzuführen. Bei größeren Randzahlen wird es schnell komplexer. Aus diesem Grund möchte ich die Kinder auf den Weg bringen zu überlegen, wie man schneller auf die Zielzahl kommt und um die vollständige Berechnung der Tabelle herumkommt. Zu diesem Zweck werden unter den Zahlen des Rechenfeldes zusätzlich die Additionsaufgaben notiert (siehe Anhang: Additionstabelle 1). Nun sollten die Schüler feststellen, wo die Randzahlen im Rechenfeld wieder auftauchen.

Fragenimpulse:

- *Wie geht ihr bei der Berechnung der Zahlen im Rechenfeld vor? Was rechnet ihr bei dieser Zahl (Ich verweise auf eine konkrete Zahl)?*
- *Wir wollen das nun einmal für alle Zahlen so machen (Additionsaufgaben unter alle Zahlen schreiben)*
- *Welche Entdeckung könnt ihr machen, wenn ihr die Aufgaben betrachtet?*
- *Was würde herauskommen, wenn wir alle Additionsaufgaben zusammenrechnen?*

Mit dem letzten Fragenimpuls sollen die Schüler erkennen, dass die Addition aller hier vorkommenden Zahlen die Zielzahl ergibt. Um nun eine vereinfachte Formel für die Berechnung der Zielzahl zu erlangen, müssen die Randzahlen des Rechenfeldes zusammengefasst werden. Zu diesem Zweck soll ein Schüler an die Tafel kommen und die Zahlen in Zusammenarbeit mit der Klasse zählen und dabei einkreisen, um bereits berücksichtigte Zahlen zu markieren. Die Erkenntnisse sollen nun, mit dem Wissen, dass sie die Zielzahl ergeben, schriftlich an der Tafel festgehalten werden. Jedoch soll hier zunächst noch unterschieden werden, ob die Randzahl aus der Spalte oder Zeile kommt:

36 = 1+1 + 1+2 + 1+3 + 2+1 + 2+2 + 2+3 + 3+1 + 3+2 + 3+3
36 = 3*1+ 3*2 + 3*3 + 3*1 + 3*2 + 3*3

Die Schüler sollen auch diese Addition ein weiteres Mal zusammenfassen. Da ich nicht weiß, wie weit die Kenntnisse der Schüler bezüglich des Zusammenfassens sind, werde ich zur Erleichterung folgende Formulierung verwenden:

Fragenimpuls: Können wir es schaffen noch weniger zu schreiben? Wie viel Dreien haben wir denn jetzt?

36 = 12*3

Nun sollen die Kinder diese Formel wieder auf die Additionstabelle zurückführen. Die Schüler sollen von einer Tabelle ausgehen, in der noch keine Zahlen im Rechenfeld vorhanden sind. Ich erhoffe mir, dass die Schüler auf die Idee kommen die Randzahlen aufzuaddieren und an die Zahl 12 gelangen. Weiterhin sollen sie die Zahl 3 der Anzahl der Zeilen bzw. Spalten zuschreiben.

Fragenimpuls:
   o *Da das Zahlenfeld leer ist, müssen wir uns überlegen, wie es zu der Zahl 12 kommt.*
   o *An welcher Stelle finden wird die Zahl 3 wieder?*

Analog zu dieser Aufgabe sollen die Kinder bei einer 4x4-Tabelle (siehe Anhang: Multiplikationstabelle) diese gewonnenen Erkenntnisse anwenden und versuchen die Zielzahl zu berechnen. Anschließend sollen sie ihr Ergebnis durch die konventionelle Berechnung der Zielzahl in Einzelarbeit kontrollieren.

Im Folgenden werden die Kinder ihr Vorgehen bei der Additionstabellen auf eine Multiplikationstabelle übertragen. Da die Rechenschritte auf der Tafel festgehalten sind können sie sich an ihnen orientieren. In Partnerarbeit sollen die Vermutungen entwickelt werden.

Zielzahl =?
Zielzahl = 1*1 + 1*2 + 1*3 + 2*1 + 2*2 + 2*3 + 3*1 + 3*2 + 3*3
Zielzahl = 6*1 + 6*2 + 6*3
Zielzahl = 6*6

Im Anschluss an diese Phase wird ein Schüler an die Tafel kommen und seine Ideen vortragen. Bei Problemen oder nötiger Unterstützung möchte ich mich in eine moderierende Position begeben und die Hilfe der gesamten Klasse einfordern.

Zweite Unterrichtsstunde
Bei der schriftlichen Division soll sowohl die Division mit einstelligen und zweistelligen Quotienten, als auch mit und ohne Rest eine Rolle spielen. Das Verfahren der schriftlichen Division wird noch einmal kurz an ein paar Aufgaben angeschnitten, um es wieder in Erinnerung zu rufen. Ich möchte, dass die Kinder sich in der schriftlichen Division trainieren, ihre Rechenfähigkeiten somit verbessern und ihre bisherigen Erfahrungen optimieren und erweitern. Im Gegensatz zur ersten Unterrichtsstunde geht es also nicht um das entdeckende Lernen, sondern die Verinnerlichung des Automatismus bei der schriftlichen Division. Dazu werden eingangs drei verschiedene Divisionsaufgaben exemplarisch an der Tafel durch einen Schüler berechnet, die hierarchisch aufeinander aufbauen. Im Anschluss an jede Aufgabe ist stets eine Probe durchzuführen.

- Schriftliche Division mit einstelligem Quotienten ohne Rest
- Schriftliche Division mit zweistelligem Quotienten ohne Rest
- Schriftliche Division mit einstelligem Quotienten mit Rest

Tafelbild:
2433:8=304 Rest1   Probe: 304*8
<u>24</u>   2432
0
<u>0</u>
33   2432+1 = 2433[23]
<u>32</u>
1

- Schriftliche Division mit zweistelligem Quotienten ohne Rest

Hierdurch sollen die Schüler sich wieder in Thematik einfinden. Wie bereits erwähnt ist das kompetente Kopfrechnen die Voraussetzung für alle schriftlichen Rechenverfahren. Aus diesem Grund wurde die schriftliche Division der ersten nachfolgend angelegt.
Der Hauptteil dieser Doppelstunde wird sich mit der Auseinandersetzung eines Arbeitsblattes beschäftigen (siehe Anhang: Arbeitsblatt).
Aufgabe 1 wiederholt noch einmal die verschiedenen Typen der schriftlichen Division. Diese sollen in Einzelarbeit berechnet werden und sind von verschiedenen Schwierigkeitsgraden,

---
[23] Notation nach Padberg: Didaktik der Arithmetik. 2005[3], S.308.

welche die gleiche Rangfolge wie die der Einführungsbeispiele einhalten. Dennoch steht es den Schülern offen in welcher Reihenfolge sie diese bearbeiten. Währenddessen werde ich herumgehen und falls nötig Hilfestellungen geben. Aufgabe 2 und 3 sind Sachaufgaben, die in die mathematische Sprache, also zu einer schriftlichen Division übersetzt werden müssen. Textaufgaben stellen in jedem Fach ein großes Problem dar. Den Schülern mangelt es oft an der Kompetenz des sinnentnehmenden Lesens, daher habe ich die Sätze möglichst einfach und kurz gehalten. Es war jedoch nicht in meinem Sinn dieses Problem zu umschiffen, vielmehr möchte ich die bestehenden Defizite in meinem Unterricht aufgreifen, um die Lesekompetenz zu fördern. Die einzelnen Textpassagen sollen von je einem Schüler laut vorgelesen werden. Im Anschluss daran haben die Schüler die Möglichkeit Verständnisprobleme zu äußern. Sobald die ersten drei Aufgaben bearbeitet sind, werden die Ergebnisse gesammelt, auf ihre Richtigkeit überprüft und diskutiert.

Aufgabe vier soll als positiver Abschluss dieser Wiederholungseinheit dienen und ist als ein Spiel angelegt, bei dem die Schüler miteinander konkurrieren und etwas gewinnen können. Durch diese Motivation werden die Schüler noch einmal angespornt ihr Bestes zu geben. Die letzte Aufgabe ist angelehnt an das Gesellschaftsspiel „Bingo". Die Schüler tragen in einer 3x3-Tabelle die Ergebnisse von neun schriftlichen Divisionen ein, die ebenfalls auf dem Arbeitsblatt stehen. Im Anschluss daran erhält jedes Kind Aufgabenkärtchen (siehe Anhang: Bingokärtchen) mit den zugehörigen Aufgaben. Diese Lösen sie dann in Einzelarbeit in einer beliebigen Reihenfolge. Haben sie ein Ergebnis ermittelt, kann es in der Tabelle angestrichen werden. Sind drei Kästchen waagerecht, senkrecht oder diagonal von einem Schüler markiert worden hat er gewonnen und ruft „bingo".

2.2.4. Theoretische Betrachtung konkreter Unterrichtssequenzen

Zu Beginn des Berichtes beschäftigte ich mich mit dem Analyseaspekt „Anschauungsmittel im Mathematikunterricht". Da ich selber welche benutzt habe möchte ich auch auf diese eingehen:

In der ersten Unterrichtsstunde benutzte ich sowohl die Additions- als auch die Multiplikationstabellen vorrangig als Argumentations- und Beweismittel. War es doch das Ziel zu zeigen, dass sich aus der Beschaffenheit dieser Tabellen eine Möglichkeit entdecken lässt erweiterte und zugleich vereinfachte Operationen durchzuführen, um zum rechnerischen Ziel zu gelangen. An ein Anschauungsmittel wird jedoch die Forderung gestellt, dass sich ergebende Strukturen möglichst einfach zu erkennen sein müssen, um neue Entdeckungen zu machen. Als ich die Zahlen des Rechenfeldes durch ihre Addition bzw. Multiplikation darstellte und begann die Randzahlen in diesen wieder zu finden, verwendete ich immer einen schwarzen Stift. Dadurch war es den Schülern nur schwer möglich Gemeinsamkeiten und Unterschiede festzustellen. Der Erkenntnisweg verzögerte sich also durch die erschwerte Darstellung der Strukturen. Andererseits kamen die Additions- bzw. Multiplikationstabellen auch der Funktion des Mittels zu Rechnen nach, da die Schüler verschiedene Möglichkeiten kennen gelernt haben die Zielzahl zu ermitteln.

Im weitesten Sinne ist auch ein Tafelbild ein Anschauungsmittel. In der zweiten Unterrichtsstunde notierte ich die Division mit Rest, wie in Kapitel 2 dargestellt. Dies entspricht jedoch nicht der wissenschaftlichen Norm und das Unterrichtsprinzip der wissenschaftlichen Richtigkeit wurde vernachlässigt. Damit kam es zu Fehlern bei der anschließenden Probe. Den Schülern fehlte die an die Multiplikation anschließende Addition des Restes.

Auch das Arbeitsblatt zeigte als Arbeitsmaterial einen konzeptionellen Mangel auf. So war es bei der Berechnung der letzten beiden schriftlichen Divisionen nicht möglich sie adäquat zu Ende zu führen, da das Arbeitspapier nicht genug Platz bot. Weiterhin verknüpfte das Arbeitsblatt die Eigenschaften als Werkzeug des Lehrens und als Werkzeug des Lernens. War es zum einen das Ziel das schriftliche Rechnen zu automatisieren (Werkzeug des Lehrens) so mussten sich die Schüler aktiv mit den Textaufgaben auseinandersetzen und Verständnisschwierigkeiten diskutieren. Sie konnten sich also erst mit den Inhalten auseinandersetzen, nachdem sie die Strukturen offen gelegt hatten.

3. Schlussbemerkung

Zusammenfassend kann ich über meine beiden Unterrichtsstunden sagen, dass ich meinen Ansatz die Vertiefung der Grundrechenarten, also der geforderten eingangs genannten arithmetischen Kompetenzen, mit neuen aktiven Entdeckungen durch die Schüler mit kleinen Einschränkungen umsetzen konnte. Einige Inhalte musste über Umwege erarbeitet werden. Die Defizite lagen vorrangig in meinen Arbeitsmitteln und in meinen persönlichen Erwartungen an die Schüler. Trotzdem haben die Schüler ein hohes Maß an Konzentration und Leistungsbereitschaft mit in den Unterricht gebracht.

Wie ich auch in meinem Lerntagebuch festgehalten habe, werden die meisten Unterrichtsstunden frontal durchgeführt. Es lässt sich auch, bis auf sehr wenige Ausnahmen, von Methoden- und Medienarmut in dem von mir besuchten Unterrichtsstunden sprechen. Besonders eine Lehrerin verfolgte einen gewissen Dreischritt, der auch bei vielen anderen Lehrkräften durchgeführt wurde: Der Anfangsunterricht eines Themas war gleichzusetzen mit der Einführung neuer Rechenregeln oder Formeln, anschließend wurden diese immer wieder anhand von Arbeitsblättern schematisch eingeübt und automatisiert, bis es dann zur Klassenarbeit kam. Die Idee, den Schülern einen Weg zu ebnen, auf dem sie dann selbst aktiv werden können und neue Erkenntnisse machen war an dieser Schule kaum vertreten. Das merkte ich auch in den zahlreichen von mir durchgeführten Übungsstunden. Die Schüler wussten annähernd, was sie tun sollten, jedoch erkannten sie nur selten warum. In jeder dieser Stunden versuchte ich sie dazu zu bewegen zu hinterfragen, damit sie ein wirkliches Verständnis erlangen konnten.

Persönliches Fazit

Ich bin sehr froh, dass ich an dieser Schule mein Praktikum machen durfte. Zu Beginn meiner „Schulsuche" musste ich viele Telefonate führen, um an einen Praktikumsplatz zu gelangen. Dies war bereits bei meinen ersten beiden Praktika der Fall. Studentische Praktikanten sind meiner Meinung nach an vielen Schulen nicht gerne gesehen. Sie müssen betreut werden und beobachten während ihrer Hospitation alles ganzgenau. Welcher Lehrer lässt sich schon gerne in die Karten schauen? An der Hauptschule Essen Karnap rannte ich offene Türen ein. Ich wurde mit Wohlwollen und großem Interesse im Lehrerkollegium aufgenommen. Etwa 2/3 meiner Praktikumszeit leitete ich eigene Übungsgruppen und habe in diesen wohl am allermeisten lernen können. Diese Hauptschule beherbergt(e) eine sehr schwierige Klientel, wie ich zu Beginn des Berichtes bereits erwähnte. Oft war ich mit den Schülern der Übungsgruppen überfordert, da hier diejenigen saßen, welche die größten Probleme hatten.

Auch das Lehrerkollegium spiegelte diese Situation wieder: Depressionen, frühzeitige Pensionierung oder auch psychosomatische Erkrankungen.

Die Kritiken am Amt des Lehrers werden immer lauter, doch sind es sie die heute das tun „was Familie nicht mehr schafft". Noch in den 60ern übernahmen sie die Autorität mit ihrem Amt. Heute sind sie Erzieher, Elternberater, Psychologe und Unterrichtende. Aufgaben, denen die universitäre Lehramtsausbildung nicht nachkommt. Die Gesellschaft hat sich verändert, der Lehrerberuf muss da mithalten. Während meines Praktikums ist mir das stärker denn je vor Augen geführt worden. Trotzdem ist mein Wunsch geblieben, denn junge Menschen für einen Teil ihres Lebens zu begleiten und ihnen die Chance auf eine lebenswerte Zukunft zu ermöglichen ist eine Bereicherung.

4. Literaturverzeichnis

- Krauthausen, G./Scherer,P.: Einführung in die Mathematikdidaktik. Spektrum, Heidelberg u. Berlin, 2001.
- Lorenz, Jens Holger: Anschauungsmittel als Kommunikationsmittel. In: Die Grunschulzeitung. H.201/2007, S.14-16.
- Ministerium für Schule, Jugend und Kinder des Landes Nordrhein-Westfalen (Hrsg.): Sekundarstufe I. Hauptschule. Mathematik. Kernlehrplan. Schule NRW Nr.3203. Ritterbachverlag, Frechen, 2004.
- Padberg, F.: Didaktik der Arithmetik. Für Lehrerausbildung und Lehrerfortbildung. Spektrum, Heidelberg, 2005^3.
- Scherer, Petra: Produktives Lernen für Kinder mit Lernschwächen: Fördern durch Fordern. Band 1. Zwanzigerraum. Horneburg, 2009^5, S.15.
- Söbbeke, Elke: „Sehen und Verstehen im Mathematikunterricht" – Zur besonderen Funktion von Anschauungsmitteln für das Mathematiklernen. In: Vásárheyi, É.: Beiträge zum Mathematikunterricht 2008. Martin Stein Verlag, Münster, 2008, S.39-47.
- Wittmann, E. Ch.: Was ist Mathematik und welche pädagogische Bedeutung hat das wohlverstandene Fach auch für den Mathematikunterricht in der Grundschule. In: Baum, M./ Wielpütz, H.(Hrsg.): Mathematik in der Grundschule – Ein Arbeitsbuch. Kallmeyer, Seelze, S.18-46.

5. Tabellarischer Unterrichtsentwurf

Thema der ersten Unterrichtsstunde: Übung und Festigung der Addition und Multiplikation anhand von Additions- und Multiplikationstabellen.

Klasse: 6

Datum: 27.05.2010
Uhrzeit: 08:00 Uhr

Zeit	Unterrichtsphase	Inhaltliche Schwerpunkte	Intentionen/Begründungen	Sozialform	Medien
1 Min. 2 Min.	Evtl. späterer Beginn Einstieg	Begrüßung	Stoff- und aufgabenunabhängiger Einstieg	LV	
5 Min.	U-Einstieg	-Themenbenennung durch die Schüler -Sammeln der Vorkenntnisse -Begriffsdefinitionen	-Informierender Unterrichtseinstieg - Motivation zum zielorientierten Arbeiten - Aktivierung des Vorwissens	S-L-Gespräch	Tafel Additionstabelle 1
4 Min.	Arbeitsphase I	exemplarische Rechnung	Aktivierung des Vorwissens	S-Vortrag	Additionstabelle I
4 Min.	Sicherung I	Mögliche Erkenntnisse sammeln und begründen	Sicherung der Erkenntnisse zur Erleichterung der nächsten Arbeitsphase	S-L-Gespräch	Additionstabelle I
5 Min.	Arbeitsphase II	-Aufwerfen Fragestellung - Untersuchung der Tabelle auf ihre Eigenschaften	Wecken des „Forschergeistes"	EA/PA	Additionstabelle I

7 Min.	Sicherung II	Sammeln der Entdeckungen	Aufbau für späteren Transfer	S-L-Gespräch	Additionstabelle I Tafel
4 Min.	Arbeitsphase III + Sicherung III	Aufwerfen der Fragestellung Kontrolle auf Beständigkeit der Hypothese	„Beweisführung"	S-L-Gespräch	Additionstabelle II Tafel
8 Min.	Arbeitsphase IV	Transfer des Wissens auf Multiplikationstabelle	Erneutes Wecken des Forschergeistes, jetzt mit erworbenen Kompetenzen	EA/PA	Multiplikationstabelle
4 Min.	Sicherung IV	-Sammeln der Entdeckungen -Vergleich beider Tabellentypen	Sicherung der gesamten Unterrichtsstunde	S-L-Gespräch	Additionstabellen Multiplikationstabelle Tafel

Thema der zweiten Unterrichtsstunde: Übung und Festigung der schriftlichen Division.

Klasse: 6

Datum: 02.06.2010
Uhrzeit: 08:00 Uhr – 09:35 Uhr

Zeit	Unterrichtsphase	Inhaltliche Schwerpunkte	Intentionen/Begründungen	Sozialform	Medien
1 Min. 2 Min.	Evtl. späterer Beginn Einstieg	Begrüßung	Stoff- und aufgabenunabhängiger Einstieg	LV	
12 Min.	U-Einstieg	-Exemplarische Berechnung (4 Aufgaben) -Erklären des	-Anknüpfen an Vorwissen -„Warmwerden"	SV/LV	Tafel Divisionskarten

21

		Verfahrens			
2 Min.	Arbeitsphase I	-Erläuterung des Arbeitsblattes	Wiederholung und Festigung	EA/PA	Arbeitsblatt
30 Min.	*(5 Minuten Pause)*	-Bearbeitung der Aufgaben 1,2,3 -Hilfestellungen			
13 Min	Sicherung I	-Sammeln der Ergebnisse -gemeinsames Rechnen besonders schwerer Aufgaben		S-L-Gespräch	Arbeitsblatt Tafel
20 Min.	Arbeitsphase II	- Erläuterung des Spieles (Aufgabe 4) - Austeilen der Materialien -Spiel „Bingo"	Motivierender Abschluss Verabschiedung von der Klasse	EA/Großgruppengespräch	Bingokärtchen
10 Min.	Sicherung/Verabschiedung	- Siegerehrung		Großgruppengespräch	Tafel Präsente

6. Additionstabelle 1

+	1	2	3	
①	2 ①+1	3 ①+2	4 ①+3	9
2	3 ②+1	4 ②+2	5 ②+3	12
3	4 ③+1	5 ③+2	6 ③+3	15
	9	12	15	㊱

7. Additionstabelle 2

+	①	2	3	4
①	2	3	4	5
2	3	4	5	6
3	4	5	6	7
4	⑤	⑥	⑦	⑧
				⑧⓪

8. Multiplikationstabelle

·	1	2	3	
1	1	2	3	6
2	2	4	6	12
3	3	6	9	18
	6	12	18	(36)

9. Bingokärtchen

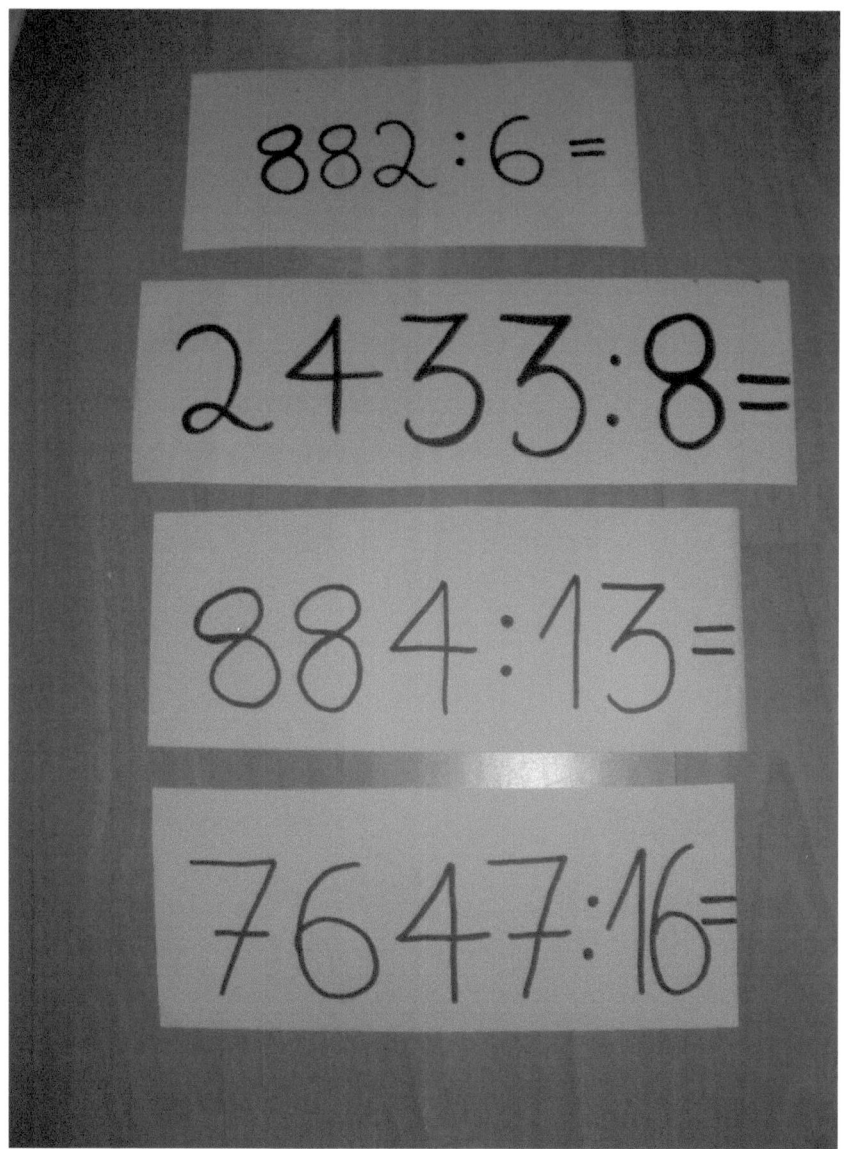

10. Arbeitsblatt
Schriftliches Dividieren

Aufgabe 1

732 : 3 =   1956 : 6 =

Probe: Probe:

40904 : 4 =   26257 : 7 =

Probe: Probe:

156 : 12 =   987648 : 10 =

Probe: Probe:

8742 : 17 =   864246 : 100 =

Probe: Probe:

Aufgabe 2

Adem hat heute mit seinen Freunden Ben und Jens Tennis gespielt. Jetzt will er mit ihnen die Bälle in Boxen sortieren. In eine Box passen 4 Bälle. Sie sammeln 74 Bälle ein.

Frage: Wie viele Boxen sind voll? Bleiben Bälle übrig?

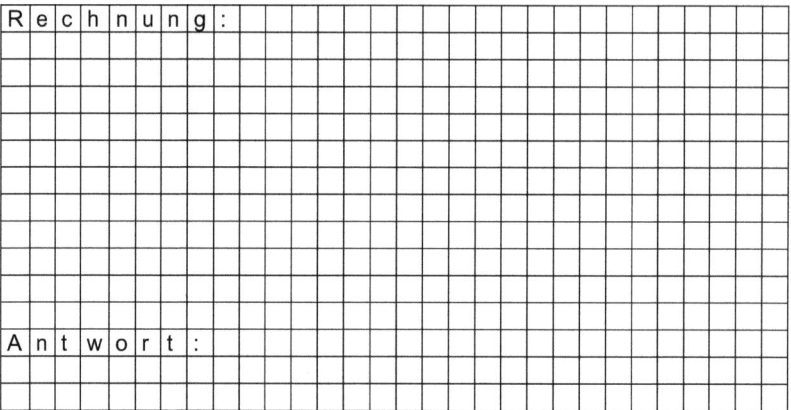

Aufgabe 3

Das Schuljahr ist zu Ende. Anne und Cem sollen 234 Mathebücher in Schachteln packen. In eine Schachtel passen 12 Bücher.

Frage: Wieviele Bücher sind in der letzten Schachtel?

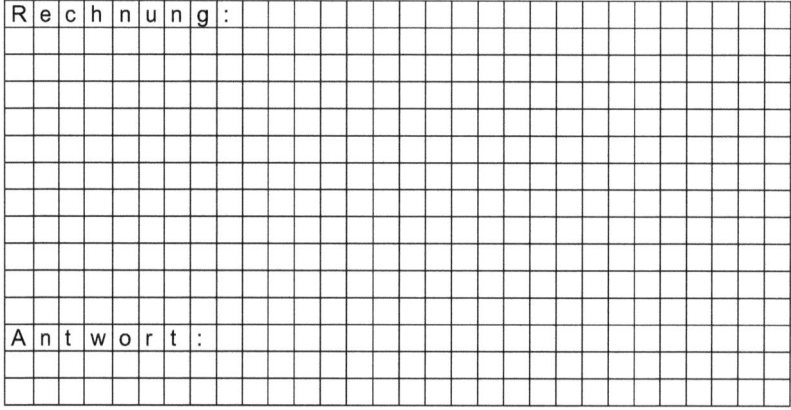

Aufgabe 4: Wir spielen Bingo!!!!

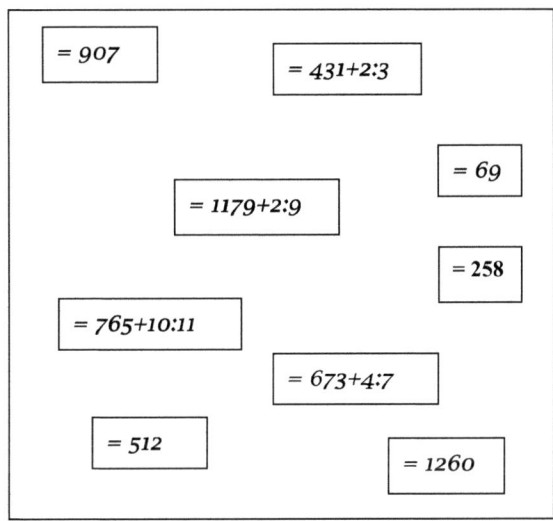

11. Bingo Kärtchen

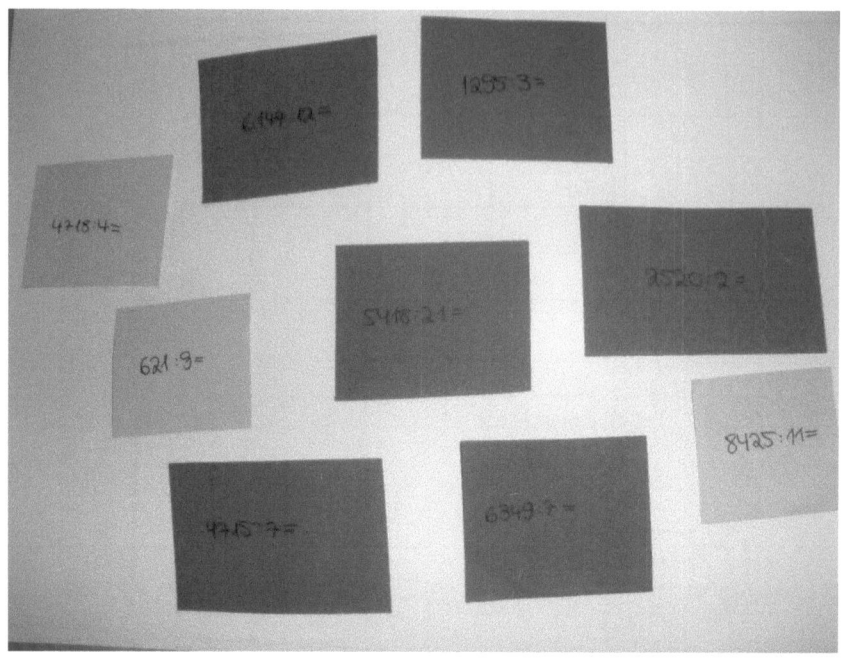